Mi Primer libro de CIENCIAS EVEREST

Mick Manning &
Brita Granström

EVEREST

Título original: *Science School*
Traducción: María Luisa Rodriguez Pérez
Alfredo Ramón Díez

Published by arrangement with Kingfisher Publications Plc.

Carretera León-La Coruña, km 5 - LEÓN
ISBN: 84-241-7921-8
Depósito Legal: LE. 1659-1999
Printed in Spain - Impreso en España

EDITORIAL EVERGRÁFICAS, S.L.
Carretera León-La Coruña, km 5
LEÓN (España)

Contenidos

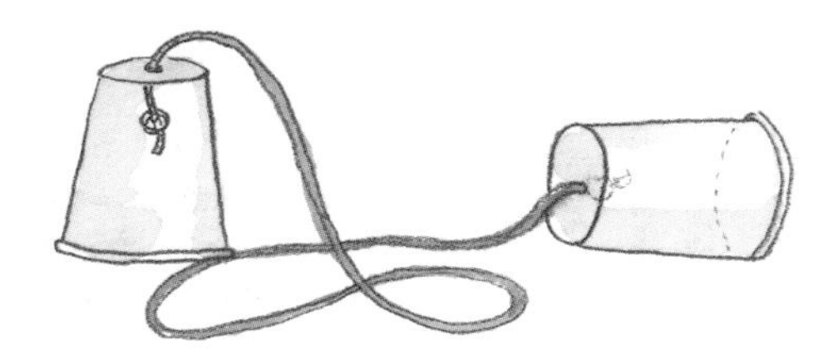

¿De qué va este libro?

Sabes cómo doblar la luz o por qué los charcos desaparecen rápidamente? **Mi Primer Libro de Ciencias** está lleno de emocionantes experimentos que te ayudarán a responder a estas preguntas y a muchas más. **Mi Primer Libro de Ciencias** te enseña cómo divertirte con la ciencia.

Algunas de las cosas que necesitarás

TRUCOS

Encontrarás trucos útiles en las tiras coloreadas de los laterales de cada página.

En el glosario aprenderás más sobre las palabras que aparecen en **negrita**.

¿Cómo es un científico?

Los científicos aprenden cosas del mundo en que vivimos realizando experimentos. Con algunos experimentos consiguen nuevos e increíbles descubrimientos e inventos que cambian el mundo. Los científicos inventaron la rueda, dijeron que la tierra es redonda y han creado los ordenadores y los cohetes espaciales.

Cuaderno de apuntes

PREPARACIÓN

Los científicos son gente muy organizada y cuidadosa. Cuando hacen experimentos apuntan lo que han utilizado, lo que han hecho y lo que ha sucedido. Tú también deberías tener tu propio cuaderno para poder escribir sobre los experimentos que haces paso a paso; incluso puedes hacer cuadros y dibujos con los resultados. Diviértete y no te preocupes si los experimentos no siempre dan el resultado que esperabas; algunos de los grandes descubrimientos científicos se hicieron por equivocación. Si un experimento no te sale, piensa en qué pudo haber fallado y apúntalo en tu cuaderno.

TRUCOS

¿Por qué no buscas información sobre estos famosos científicos en la biblioteca o en Internet?

Isaac Newton pensó que la misma fuerza que hace que una manzana se caiga del árbol, hace que los planetas giren alrededor del sol.

Leonardo da Vinci dibujó un helicóptero siglos antes de que se inventara.

Marie Curie ganó dos Premios Nobel por sus descubrimientos en el mundo de la física.

SEGURIDAD

Los científicos saben lo importante que es tener cuidado cuando se hacen experimentos. Jamás pruebes un producto químico y pide siempre a un adulto que te ayude con los experimentos más complicados. No utilices nunca tijeras afiladas ni líquidos calientes sin la ayuda de un adulto, y ten especial cuidado con el calor y la electricidad.

Materia

Todo lo que nos rodea es sólido, líquido o gaseoso. Los sólidos, como los metales, suelen ser duros y tienen un **volumen** permanente (el tamaño) y una forma permanente. Los líquidos, como el agua, tienen un volumen permanente pero toman la forma del objeto en el que están. Los gases, como el aire, no tienen ni volumen ni forma permanentes. Los científicos dan el nombre de sólidos, líquidos y gases a los tres estados de la **materia**.

TRUCOS

El vapor que sale de una cacerola con agua hirviendo es el vapor de agua, o gas, que sale del líquido.

En las películas y conciertos se utiliza hielo seco para crear escenas misteriosas y extrañas. Se hace calentando dióxido de carbono sólido. En lugar de derretirse formando un líquido, cambia directamente de sólido a gas.

Hacer nubes

Pon hielo picado en una lata grande con un tercio de sal. Mete una lata más pequeña en la mezcla de hielo y sal, procurando no tocar el hielo con los dedos. Sopla dentro de la lata pequeña. Verás cómo se forma una nubecita. Esto se debe a que tu aliento contiene mucho **vapor** de agua (gas). Cuando este vapor entra en contacto con el aire frío de la lata pequeña, se transforma de gas en diminutas gotas de agua, que forman la nube.

Hielo mágico

¿Cómo sacarías un cubito de hielo de un vaso de agua… sin mojarte? Deja caer el extremo de una cuerda hasta la superficie del cubito. Echa sal en el hielo y espera unos minutos. Tira de la cuerda para sacar el hielo del vaso. La sal hace que el hielo se derrita un poco y la cuerda se moja con el agua. Pero el agua se vuelve a congelar rápidamente pegándose a la cuerda.

Evaporar el perfume

Ponte una gotita de perfume en el brazo. El perfume contiene alcohol, que se evapora sobre la piel caliente eliminando el calor y refrescando la piel

TRUCOS

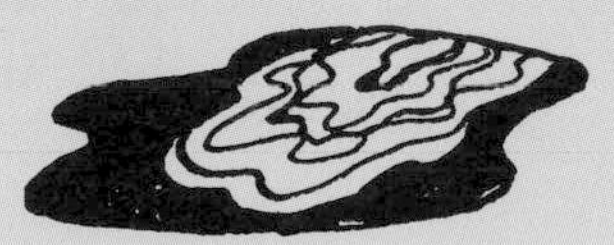

En un día caluroso, el agua de los charcos se evapora rápidamente, es decir, se convierte en gotas diminutas de vapor de agua.

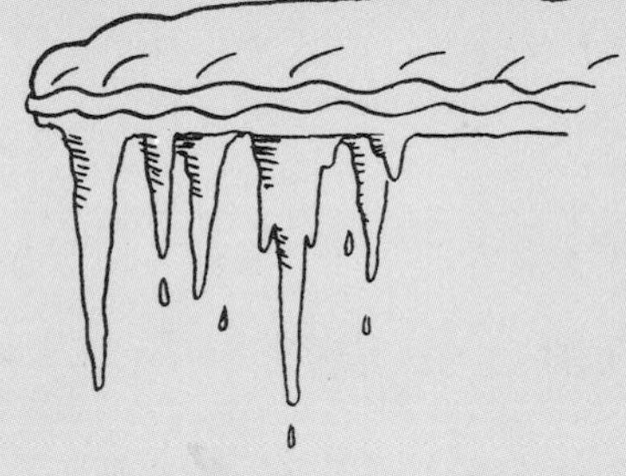

En una noche muy fría, el agua que gotea de un tejado se congela y forma carámbanos.

Hojas de chocolate

EXPERIMENTO

Necesitarás: • chocolate • un recipiente pequeño • una cacerola • un guante resistente al calor • un pincel limpio

1. Coge unas hojas de rosa, lávalas bajo el grifo y sécalas con cuidado.

2. Pídele a un adulto que eche agua caliente en una cacerola y que meta dentro el recipiente procurando que el agua no entre en él. Echa unos trozos de chocolate en el recipiente. El calor del agua derretirá el chocolate, convirtiéndolo en un líquido espeso. Pídele a un adulto que retire el recipiente con el chocolate utilizando un guante resistente al calor.

3. Pinta la parte superior de cada hoja con el pincel mojado en el chocolate.

4. Cuando el chocolate se enfría, vuelve a hacerse sólido y coge la forma de la hoja. Retira con cuidado las hojas de verdad.

Conseguir una reacción

Los fuegos artificiales que arden en el aire o una tarta cociéndose al horno son ejemplos de reacciones químicas. Las reacciones químicas se producen cuando una sustancia se combina con otra y se obtiene una completamente nueva. Suceden a nuestro alrededor, e incluso dentro de nosotros; los millones de reacciones que se producen en nuestro cuerpo nos mantienen con vida.

Necesitas:
bicarbonato
ketchup
vaso
botella
vinagre
arena

Sepárate y pon ropa vieja

Haz un volcán

EXPERIMENTO

Observa lo que ocurre cuando una sustancia llamada **ácido** se mezcla con otra llamada **base**.

1. Pon bicarbonato sódico en una botella pequeña y entiérrala en arena dándole forma de volcán. Tiene que verse la boca de la botella. **2.** Mezcla ketchup con vinagre en un vaso. **3.** Echa la mezcla en la botella. **4.** Sepárate y observa cómo reaccionan las sustancias. La reacción química produce un gas que obliga a la mezcla a salir de la botella, ¡como si fuera una erupción volcánica!

1.

4.

2.

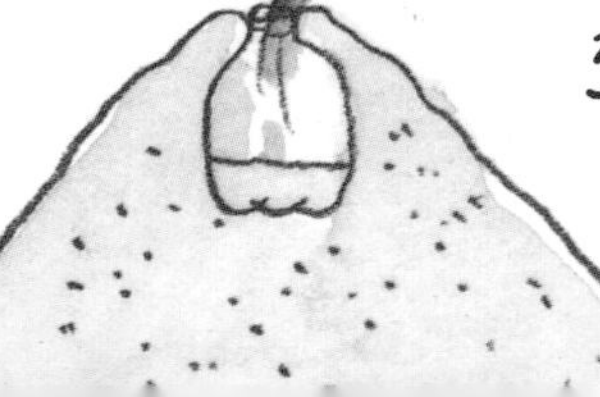

3.

Dínero reluciente

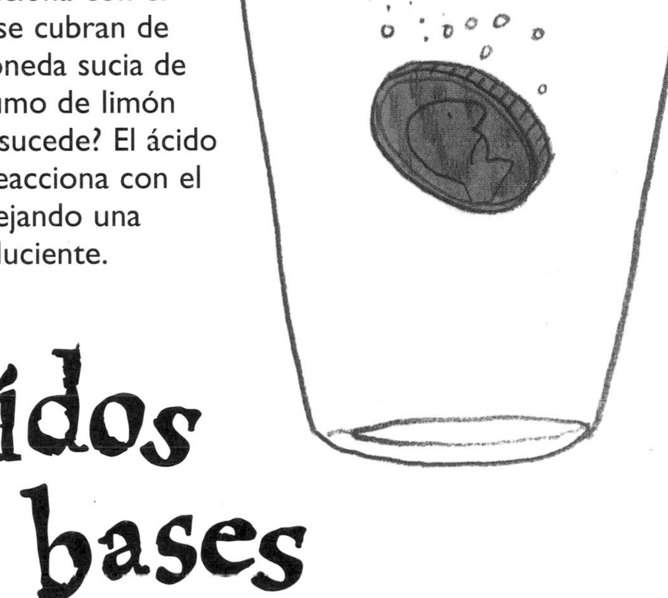

EXPERIMENTO

A menudo las monedas de cobre están pálidas y sucias porque el oxígeno del aire reacciona con el cobre haciendo que se cubran de **óxido**. Coge una moneda sucia de cobre y métela en zumo de limón unos minutos. ¿Qué sucede? El ácido del zumo de limón reacciona con el óxido y lo elimina, dejando una moneda de cobre reluciente.

TRUCOS

Las puntas de hierro se oxidan cuando se dejan bajo la lluvia porque el hierro reacciona con el agua y el oxígeno del aire.

Los marcos de las bicicletas que están hechas de hierro suelen tener una capa protectora de pintura para evitar que se oxiden.

Ácidos y bases

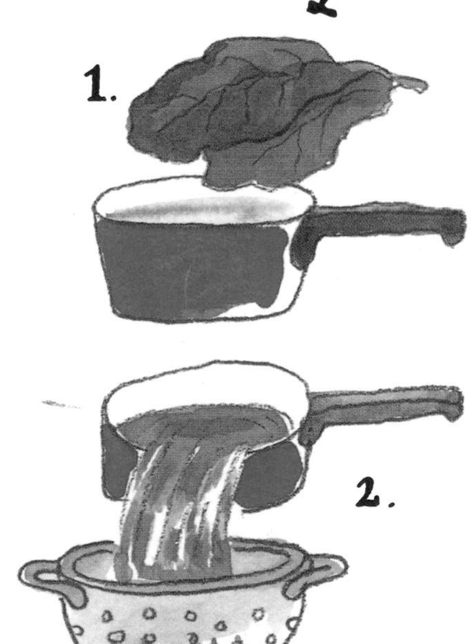

EXPERIMENTO

En muchas reacciones químicas intervienen **ácidos** y **bases**. Puedes saber si algo es un ácido, como el vinagre, o una base, como el bicarbonato sódico, haciendo la prueba con una lombarda. Pídele a un adulto que te ayude. Necesitarás: • una lombarda • agua • una cacerola • un colador • un limón • jabón.

1. Pídele a un adulto que cueza la lombarda en agua. **2.** Cuando la lombarda se haya enfriado cuela el jugo morado en una jarra.
3. Echa un poco del jugo en un vaso y exprime encima un poco de limón.
4. Echa un poco del jugo en otro vaso que tenga un trozo de jabón dentro. Si el color del jugo cambia a rosa, la sustancia es un ácido. Si el color del jugo cambia a azul verdoso, la sustancia es una base.

3.

4.

Separar cosas

Muchas cosas están formadas por varias sustancias diferentes que normalmente pueden separarse con bastante facilidad. Se les llama **mezclas**. Por ejemplo, la leche es una mezcla de agua, grasa y minerales como el calcio. Hay muchas formas diferentes de separar las sustancias de una mezcla.

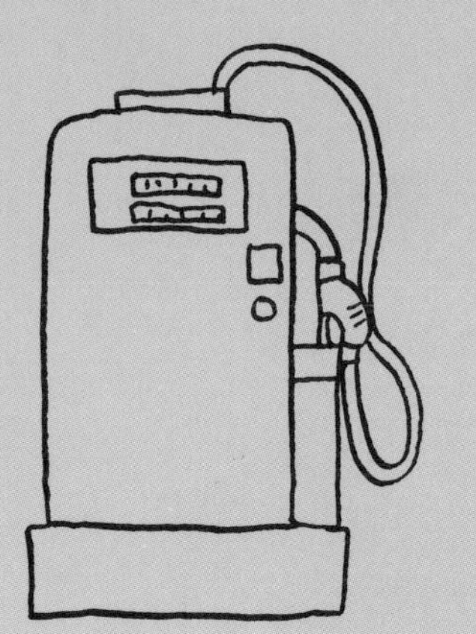

La gasolina procede del petróleo crudo. Se separa del petróleo en un proceso llamado refinado. El gasoil y el asfalto, que se utilizan para hacer carreteras, también pueden separarse del petróleo crudo.

Antes de llegar a las casas, el agua del grifo se filtra cuidadosamente para separar y eliminar cualquier suciedad.

Los coches tienen filtros de aceite y de aire para evitar que la suciedad entre en el motor y pueda dañarlo.

Aceite y vinagre

EXPERIMENTO

El aliño de la ensalada a menudo sólo está compuesto de aceite y vinagre, pero cuando se mezclan acaban separándose en capas. Coge una botella pequeña y echa un poco de aceite. Añade la misma cantidad de vinagre. Tapa la botella y agítala. Espera un par de minutos y observa lo que sucede. Ahora quita el tapón e intenta vaciar el vinagre. Cuando ladeas la botella, sólo sale el aceite. Prueba de otro modo: tapa la botella con el dedo y dale la vuelta; procura hacerlo en el fregadero. ¿Qué sucede? El aceite siempre flota por encima del vinagre, por eso cuando la botella está boca abajo, el vinagre puede salir.

Limpiar el agua

EXPERIMENTO

Los filtros se utilizan para separar las **mezclas** de sólidos y líquidos. Observa cómo actúan cuando intentas limpiar agua sucia. Mezcla un poco de tierra con agua en una jarra. Pon un filtro de papel para café, o papel secante, en un embudo (puedes pedirle a un adulto que te haga uno cortando la mitad superior de una botella de plástico; dándole la vuelta tendrás un embudo). Coloca el embudo sobre un tarro. Vete echando poco a poco el agua sucia en el embudo. Espera a que salga un poco antes de echar más. El agua que cae al tarro debería estar mucho más limpia, porque el filtro atrapa la tierra y la separa del agua.

Pruebas con tintas

EXPERIMENTO

La tinta de un rotulador parece de sólo un color, pero en realidad está formada por muchos colores diferentes. Comprueba cuántos colores hay en cada uno de tus rotuladores, separando la tinta. Coge una lámina de papel secante y pinta cuatro manchas o formas distintas a unos 3 cm del extremo inferior. Sumerge este lado en un plato llano con agua procurando que las manchas de tinta queden por encima del agua. El papel secante absorbe el agua, que llega a la tinta y separa los distintos colores ¿Qué rotulador tenía más colores?

Calor

Nosotros necesitamos el calor para mantener el cuerpo y las casas calientes y para cocinar la comida. Al igual que la luz y el sonido, el calor es un tipo de **energía**. El calor se desplaza de un lugar más caliente a otro más frío de varias formas. El calor del sol que notamos en la piel viaja por **radiación**. Una cucharilla dentro de una taza de té se calienta por **conducción**. El aire caliente que se eleva desde la taza transporta el calor por **convección**.

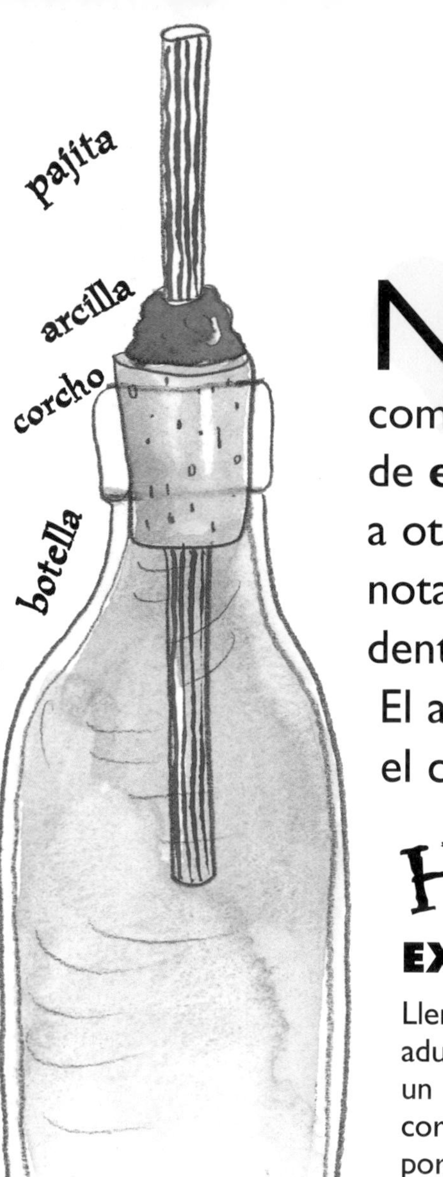

Haz un termómetro

EXPERIMENTO

Llena una botella pequeña con agua fría coloreada con tinta. Pídele a un adulto que haga un agujero en un corcho y mete en él una pajita. Utiliza un poco de arcilla para tapar los huecos en torno a la pajita. Coloca el corcho en la botella y presiona para hacer que suba un poco de agua por la pajita. Pon el termómetro en un lugar caliente. El calor llega al agua por conducción. Al ir calentándose, el agua se dilata (ocupa mayor espacio) y sube por la pajita. Ahora pon el termómetro en un lugar fresco. ¿Qué pasa con el agua de la pajita?

Los radiadores calientan una habitación básicamente por **convección**. Al igual que el agua, el aire se **dilata** cuando se calienta y ocupa mayor espacio. El aire caliente asciende por encima del aire frío (que ocupa menos espacio) y calienta la habitación. ¿Por qué no lo compruebas tú mismo?

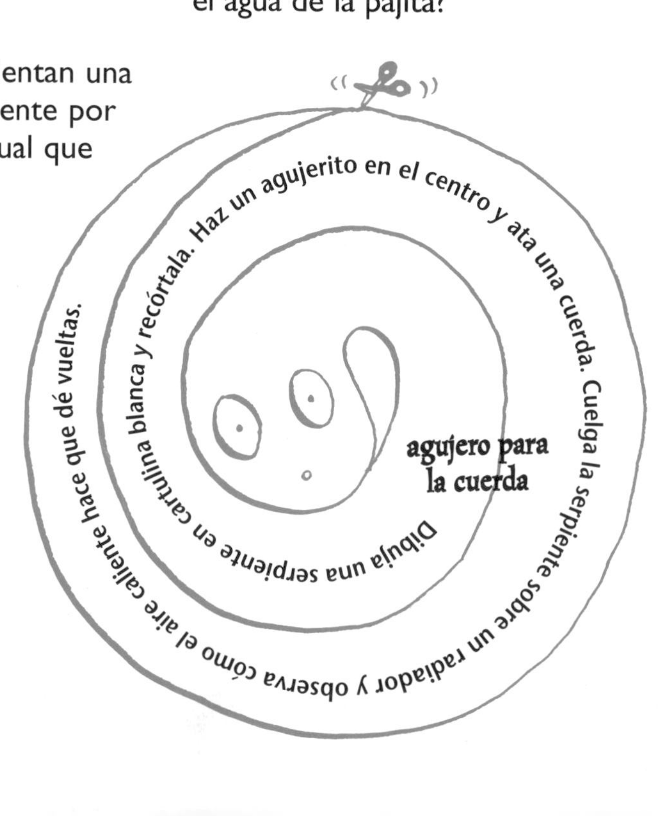

Absorción del calor

EXPERIMENTO

Ponte una camiseta y unos pantalones cortos de color negro durante una hora en un día caluroso, y después cámbiate de ropa y ponte una camiseta y unos pantalones blancos. ¿Con qué ropa estás más fresco? Los colores oscuros absorben la **radiación** del calor procedente del sol mejor que los colores claros. Si colocamos dos objetos hechos del mismo material pero de distinto color cerca de una fuente de calor, el oscuro se calentará más.

¿Qué material es mejor?

EXPERIMENTO

El **aislamiento** interrumpe la **conducción** del calor y mantiene las cosas calientes o frías. Lo utilizamos en nuestras casas para ahorrar energía, y en invierno nos ponemos prendas gruesas que nos aíslan. Averigua qué materiales son buenos aislantes. Llena cuatro tarros con agua caliente dejando un espacio libre de 2 cm, y tápalos. Envuelve cada uno de ellos con un material diferente como hojas, nailon, algodón y plumas. Comprueba la temperatura del agua de los tarros cada cinco minutos. ¿Qué tarro de agua se enfría más pronto? ¿Qué material aislante es mejor?

TRUCOS

Un termo mantiene las bebidas calientes o frías. El termo tiene dos botellas, una dentro de la otra, con muy poco aire entre ambas. Esto hace que el calor no pueda desplazarse por conducción ni convección. Las paredes brillantes del interior del termo evitan la radiación del calor.

En un día soleado pueden verse pájaros y planeadores elevándose al cielo ayudados por unas corrientes de convección llamadas corrientes ascendentes.

En una caldera, el agua fría se mueve por las tuberías calentadas por las llamas del gas o del gasoil. Las tuberías calientes traspasan el calor al agua por conducción.

TRUCOS

Hay un motivo para dejar un espacio sin llenar en las botellas de bebidas. Cuando la botella se calienta, la bebida que contiene se dilata y ocupa mayor espacio.

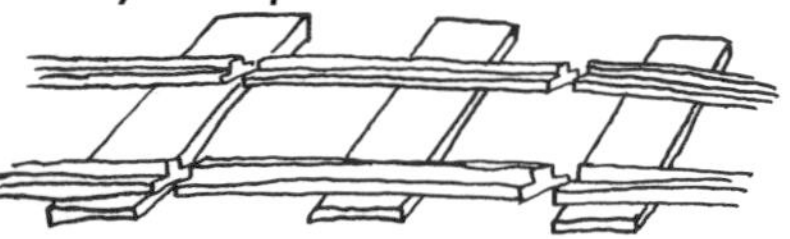

Cuando hacen las líneas de ferrocarril, se dejan unos pequeños espacios que permitan la dilatación en los días calurosos. Sin estos espacios, las vías se combarían y se romperían.

Dilatación y contracción

Muchos materiales se hacen más grandes (**se dilatan**) cuando se calientan, y se hacen más pequeños (**se contraen**) cuando se enfrían. Los líquidos suelen dilatarse más que los sólidos cuando se calientan, y los gases son los que más se dilatan. Cuando el aire se calienta, se eleva por encima del aire más frío.

Haz un globo de aire caliente

pestañas

1.

EXPERIMENTO

Necesitarás:
• un trozo grande de papel de seda • tijeras • un rotulador • pegamento • un secador de pelo

1. Copia con un rotulador esta figura en papel de seda y recórtala.

2. Dobla el papel por las líneas para obtener una caja rectangular sin base. Echa pegamento en las solapas y pégalas.

3. Pídele a un adulto que sujete el globo mientras tú lo llenas con el aire caliente de un secador. Cuando esté lleno de aire caliente, el globo se elevará lentamente hasta el techo. Esto se produce porque cuando el aire **se dilata** también se hace más ligero y por eso el globo se eleva.

3.

2.

¿Problemas para desenroscar una lata?

EXPERIMENTO

La próxima vez que te sea difícil abrir un tarro o una botella, pídele a un adulto que lo coloque bajo un chorro de agua caliente. Pídele que seque la tapa y que te lo devuelva. ¡Se sorprenderá cuando vea que puedes abrirlo! El calor hace que la tapa de metal **se dilate** quedando más floja, y por eso puedes abrirla.

TRUCOS

Durante el vuelo, ¡el Concorde es medio metro más largo que cuando está en tierra! Vuela tan rápido que el exterior del avión se calienta hasta unos 1.000°C, haciendo que la estructura de metal se dilate.

Una secadora tiene un termostato para mantener una temperatura constante. El metal del termostato se dilata y se dobla cuando se calienta demasiado. Al doblarse, desconecta el calentador y la secadora recupera la temperatura correcta.

¡Pop, pop, pop!

Cuando se calientan los granos de maíz, se produce una reacción química y se dilatan haciendo un ruido seco... así se obtienen las palomitas de maíz.

Aire y agua

El aire está a todo nuestro alrededor y el agua es una de las sustancias más comunes de la Tierra: cubre casi tres cuartas partes de la superficie del planeta. El agua existe de forma natural como gas (**vapor de agua** de la atmósfera), como líquido (en los océanos, lagos y ríos) y como sólido (hielo y nieve).

La superficie del agua de los charcos y lagos es lo suficientemente fuerte como para aguantar el peso de los animales pequeños y pequeños insectos.

Haz una noria

EXPERIMENTO

Necesitarás: • una pajita de unos 7 cm de longitud • una tapa redonda de plástico • tijeras • una aguja de tejer

1. Coge la tapa de plástico y pídele a un adulto que haga un agujero en el centro tan grande como para poder meter la pajita. Con las tijeras, corta con cuidado la tapa alrededor haciendo hendiduras. Dobla ligeramente las solapas de plástico hacia la izquierda, de modo que se superpongan.

2. Mete la pajita en el agujero y la aguja de tejer en la pajita.

3. Sujeta la noria bajo el agua corriente de un grifo. ¿Qué sucede?

1.

2.

3.

A flote

EXPERIMENTO

Cuando ves el agua goteando de un grifo parece como si las gotas tuviesen una piel. Esto se produce por una fuerza llamada tensión de superficie, que mantiene tensa la superficie del agua. Averigua cómo es de fuerte esta "piel": llena un vaso de agua y coloca suavemente un clip en la superficie y... ¡flota! Ahora añade unas gotas de detergente líquido. ¿Qué pasa con el clip? El detergente debilita la tensión de superficie.

TRUCOS

Cuando quitas el tapón de la bañera, el agua es absorbida por el desagüe. Si pones la mano en el desagüe podrás sentir la fuerza con que tira de ella. Según es absorbida, gira formando un remolino.

Los aspersores para el césped se utilizan para regar los jardines y parques cuando ha llovido poco. Lanzan el agua a chorros a gran velocidad. Cuanto mayor sea la fuerza del agua del grifo, más rápidamente girará el aspersor.

¿Qué hora es?

EXPERIMENTO

Haz con cuidado un agujero en la parte inferior de un vaso de papel con una chincheta. Pega el vaso a la parte superior de una regla con cinta adhesiva. Pega otro vaso bajo el anterior, sin hacerle agujero. Pon la regla en pie (quizá tengas que asegurarla con arcilla). Tapa el agujero del vaso superior con el dedo mientras lo llenas de agua. Retira el dedo y observa cómo gotea en el vaso inferior. Cronometra las gotas con el reloj y marca el nivel que alcanza el agua en el vaso inferior cada minuto y cada cinco minutos. Cada vez que llenes el vaso superior tendrías que saber decir qué hora es según la cantidad de agua que hay en el vaso inferior.

TRUCOS

Muchos molinos de viento tradicionales han sido sustituidos por turbinas eólicas. Sus aspas están diseñadas para atrapar la máxima cantidad de viento. Se construyen en lugares donde hace viento todo el año.

Las distintas aves tienen distintos tipos de alas. Los halcones y las golondrinas tienen alas estrechas y arqueadas hacia atrás para volar a gran velocidad, y los buitres las tienen grandes y anchas para planear.

Utilizar el aire

Sin aire no podríamos vivir. No podemos verlo ni olerlo, pero lo notamos cuando se mueve. Igual que el agua, el aire tiene muchos usos. Los veleros tienen grandes velas que atrapan el viento para que los impulse por el agua. Los molinos de viento aprovechan la energía del viento para moler el trigo obteniendo harina, o para crear electricidad.

Construye un molino de viento

EXPERIMENTO

Necesitarás: • un trozo cuadrado de papel de regalo • una chincheta • una pajita • una cuenta • pegamento • tijeras • un lápiz • arcilla

1. Dobla el papel por la mitad y después por la otra mitad para ver el centro. Dibuja cuatro líneas onduladas y cinco agujeros, como en la figura, en la parte del papel sin colorear. Pídele a un adulto que haga los agujeros, y recorta las líneas.

2. Dobla hacia adentro las cuatro esquinas de modo que los agujeros coincidan en el centro del cuadrado.

3. Pega las esquinas sobre el agujero central. Cuando el pegamento haya secado mete la chincheta con cuidado por el centro del molinete. Coloca una cuenta en la punta de la chincheta, clávala en la pajita y cubre el extremo con arcilla. Quizá necesites la ayuda de un adulto.

4. Vete con el molino a un lugar con viento.

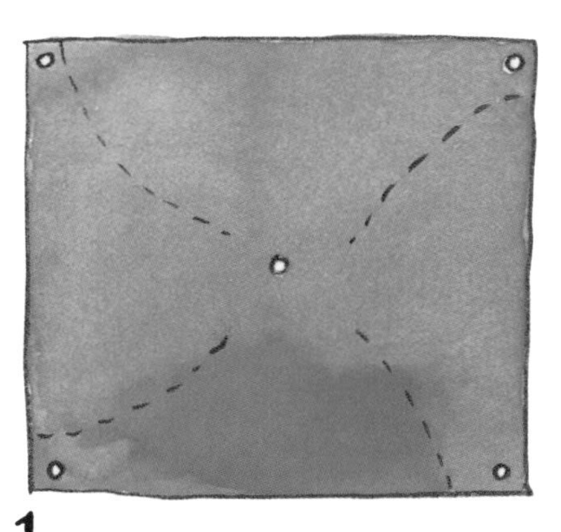

1.

4.

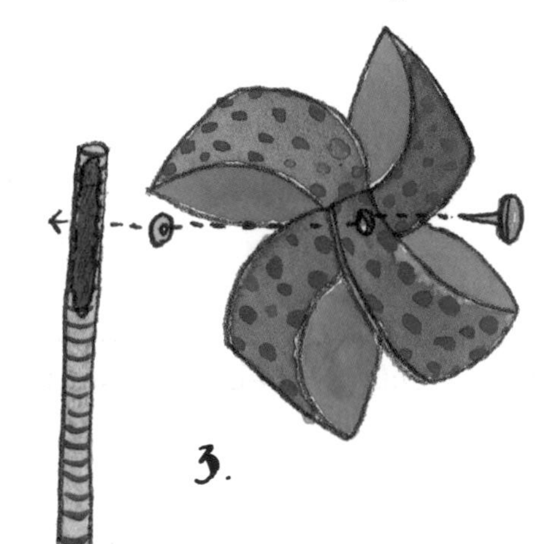

3.

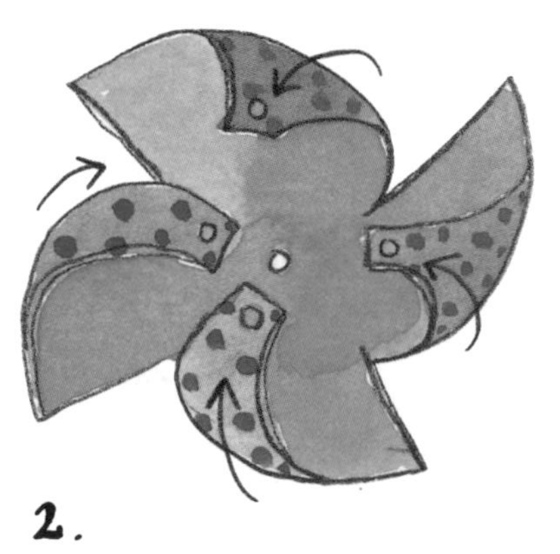

2.

Aviones de papel

Cuando el aire se lanza contra las alas de un avión, hace que el avión se eleve y se mantenga en el aire. Haz tu propio avión y comprueba hasta dónde puede llegar. Haz las alas de distinta forma... ¿Hasta dónde llega ahora?

1. Dobla el papel por la mitad.

2. Abre el papel y dobla hacia adentro las dos esquinas superiores.

3. Dobla los laterales otra vez hacia el centro para obtener una forma puntiaguda.

4. Levanta el papel y dobla hacia abajo los dos bordes superiores.

5. Abre las alas y pégalas con cinta adhesiva.

6. Dale un impulso al avión y observa cómo vuela.

Atrapa el viento

Coge un trocito rectangular de papel y píntalo como quieras. Haz un agujerito con un palillo en la parte superior e inferior de la vela. Mete el palillo en los agujeros para darle a la vela forma hinchada, y pégalo en el interior de una caja vacía de cerillas con arcilla. Pon el barco sobre el agua y sopla a la vela para que se mueva. ¿Qué sucede si haces una vela más grande?

Bajo presión

Aunque no lo notes, el aire que te rodea está constantemente ejerciendo presión sobre tu cuerpo. Puedes notar la **presión** del aire apretando un globo inflado. El aire que se ha metido en el globo empuja contra ti. Cuando se mete aire a presión en las ruedas, ejerce tanta presión que puede soportar el peso de los coches e incluso de los camiones.

TRUCOS

Los submarinistas utilizan unos cilindros llenos de aire para poder respirar bajo el agua. Los cilindros pueden contener más aire si se mete a presión y así los submarinistas pueden estar más tiempo bajo el agua.

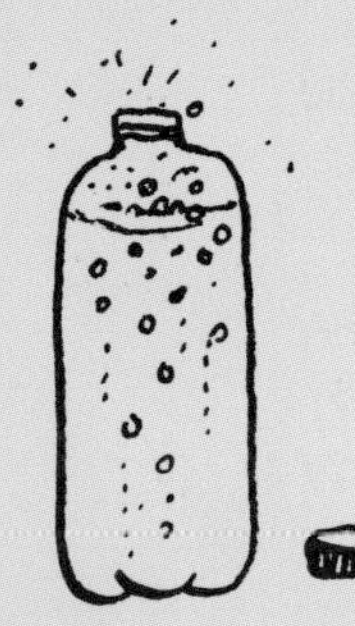

El ruido que hacen las bebidas efervescentes procede de un gas llamado dióxido de carbono, que se mete en el líquido a presión. Cuando se agita la botella, la presión aumenta y cuando se quita el tapón el gas a presión se escapa.

¡Inmersión!

botella de plástico

capuchón de bolígrafo

recipiente

arcilla

EXPERIMENTO

Descubre cómo se sumerge un submarino hasta el fondo del océano utilizando el capuchón de un bolígrafo, arcilla y una botella de agua.

1. Pon un poco de arcilla en torno a la base del capuchón del bolígrafo para que haga peso, procurando que no tape el agujero. Si en la parte de arriba hay un orificio, tápalo con la arcilla.

2. Mete el capuchón en un recipiente con agua y añade o quita arcilla hasta que flote justo por debajo de la superficie.

3. Llena la botella de agua y mete dentro el capuchón. Tapa la botella y aprieta a los lados. ¿Qué sucede? Al apretar la botella haces que entre agua en el capuchón y presione la burbuja de aire que hay dentro. Ahora el capuchón pesa más que antes (porque tiene más agua dentro) y se hunde. Cuando dejas de apretar la botella, la burbuja del capuchón vuelve a crecer y se hace más ligera, de modo que asciende. Un submarino se sumerge y emerge de la misma forma.

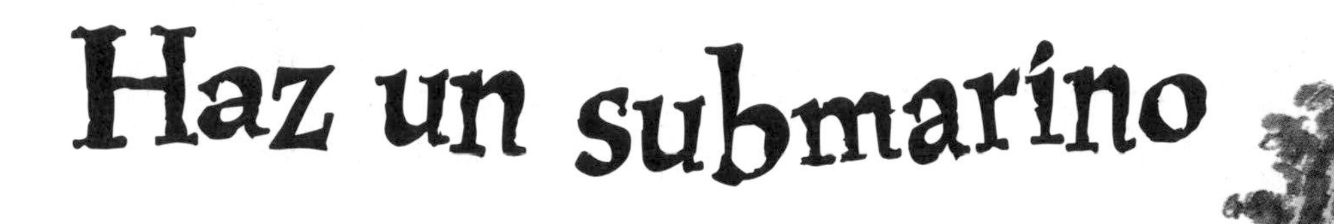

EXPERIMENTO

Este experimento también te enseñará cómo funciona un submarino. ¿Por qué no lo pruebas en la bañera? Llena de agua una botella de plástico y observa cómo se hunde hasta el fondo de la bañera. Ahora mete en la botella el extremo de una pajita curvada y sopla. La botella se hace más ligera porque dentro tiene menos agua y más aire. Un submarino de verdad tiene unos tanques especiales que se llenan de agua de mar para que se sumerja. Para ascender se bombea a los tanques aire comprimido que lleva el submarino, y el agua de mar sale.

EXPERIMENTO

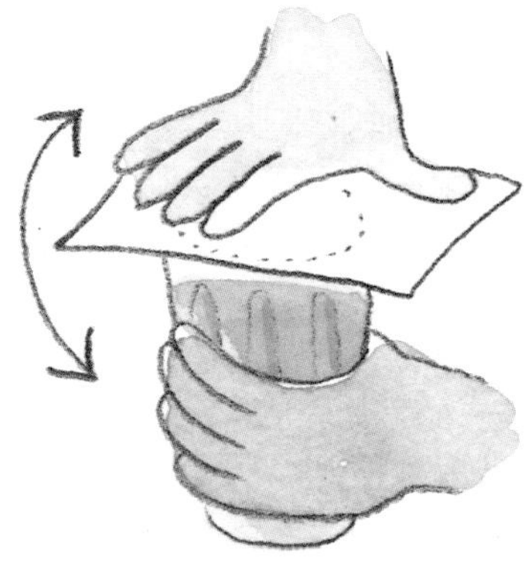

Llena un vaso de agua hasta el mismo borde y tápalo con una tarjeta. Pon la mano sobre la tarjeta y con cuidado dale la vuelta al vaso. Esto debes hacerlo en un fregadero. Retira lentamente la mano. ¿Qué sucede? La tarjeta no se cae porque la **presión** del aire que empuja la tarjeta hacia arriba es mayor que la presión que ejerce el agua hacia abajo sobre la tarjeta.

Fuerzas

TRUCOS

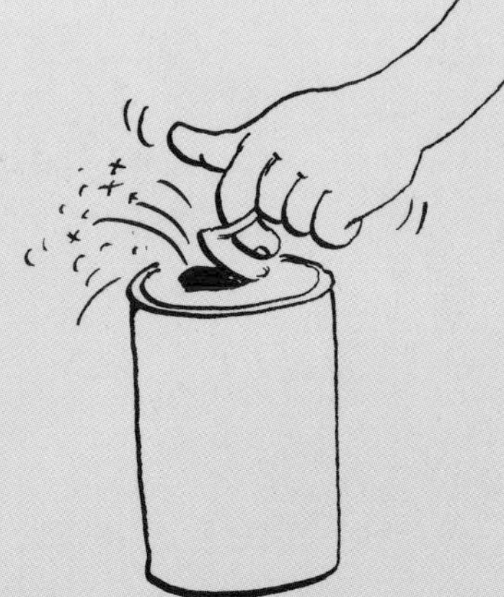

Cada vez que pulsas un interruptor de la luz o abres una lata, estás utilizando la fuerza.

Puedes empezar a columpiarte impulsando con los pies en el suelo. La fuerza pone el columpio en movimiento y una vez que has empezado, es fácil seguir columpiándose.

Un objeto no puede moverse por sí solo: necesita una fuerza. Cuando das una patada a un balón, estás aplicando una fuerza.

Una **fuerza** es un empujón o un tirón: siempre que empujas un coche o tiras de un hilo estás aplicando una fuerza. Las fuerzas existen por pares. Cuando una fuerza empuja sobre algo, otra fuerza tira hacia atrás. Cuando estás en pie, tu peso empuja hacia abajo, pero el suelo empuja al mismo tiempo hacia arriba, de no ser así te caerías a través del suelo.

EXPERIMENTO

Apóyate con los brazos estirados sobre la pared y los pies ligeramente separados. Pídele a un amigo que se apoye con las manos en tus hombros, y diles a otros amigos que se unan a vosotros. ¡Tendrías que poder aguantar con todos! Al tiempo que empujas sobre la pared, la pared empuja hacia atrás con la misma fuerza y te mantiene derecho, y al tiempo que tu amigo empuja sobre tus hombros, tú empujas hacia atrás con la misma **fuerza**, y así sucesivamente.

Haz un barco de paletas

Necesitarás: • una caja de cerillas vacía • 2 palillos • una goma • cartón • tijeras

1. Coloca con cuidado los palillos a cada lado de la caja de cerillas de modo que queden bien sujetos y ligeramente inclinados hacia abajo.

2. Pon una goma alrededor de los palillos.

3. Recorta un trozo de cartón del mismo tamaño que el extremo de la caja de cerillas. Mételo en la goma y dale vueltas. Sujetando el cartón, mete el barco en una vasija grande con agua o en la bañera.

4. Suelta la pieza de cartón. Al tiempo que la paleta gira, empuja el agua hacia atrás. Como las fuerzas existen por pares, el agua empuja sobre la paleta haciendo que el barco se mueva hacia delante.

El juego del péndulo

EXPERIMENTO

La **gravedad** es una fuerza que atrae a los objetos hacia el suelo. Puedes comprobar cómo actúa con el juego del **péndulo**. El péndulo se hace con una cuerda y una pelota de tenis. Haz primero varios bolos colocando unos lápices en carretes de hilo. Pon los bolos en una bandeja bajo un árbol. Ahora pega una cuerda larga a una pelota de tenis con cinta adhesiva resistente. Pídele a un adulto que ate el otro extremo de la cuerda a una rama baja. Comprueba que la pelota toca los lápices cuando se balancea. Cada vez que sueltas el péndulo, la gravedad atrae la pelota hacia el suelo y por eso se balancea. El objetivo del juego es que la pelota dé en los bolos.

Máquinas simples

Utilizamos máquinas simples para que las tareas difíciles sean más sencillas. Las **palancas**, las **poleas** y los **engranajes** son tipos de máquinas simples. Un subibaja es una palanca: hace que nos elevemos en el aire. Una polea hace que sacar un cubo del fondo de un pozo sea más fácil, y una bicicleta tiene engranajes para que nos resulte más fácil pedalear cuesta arriba y cuesta abajo.

Contar monedas

EXPERIMENTO

Las **palancas** facilitan el trabajo de levantar cosas. Haz un subibaja colocando un lápiz bajo el centro de una regla de 30 cm. Pon 10 monedas entre el lápiz y el extremo de la regla. Ahora vete poniendo otras monedas en el extremo más alejado posible. ¿Cuántas monedas tienes que poner en la regla para levantar la pila de 10 monedas? Se necesitan menos monedas porque la regla actúa como palanca, aumentando el peso de las monedas más alejadas del lápiz. ¿Qué pasa si pones la pila pequeña de monedas más cerca del lápiz? ¿Seguirán sujetando a las otras 10? Mueve las pilas de monedas de un lado a otro para comprobar cómo funciona mejor la palanca.

TRUCOS

Las tijeras actúan como un par de palancas para ayudarnos a cortar el papel. Las llaves nos permiten girar las tuercas y los alicates sacar las puntas de una pared.

Una carretilla es un tipo de palanca que nos ayuda a transportar cosas pesadas.

Una grúa utiliza un complejo sistema de poleas para mover objetos pesados de un lado a otro en los solares de edificaciones.

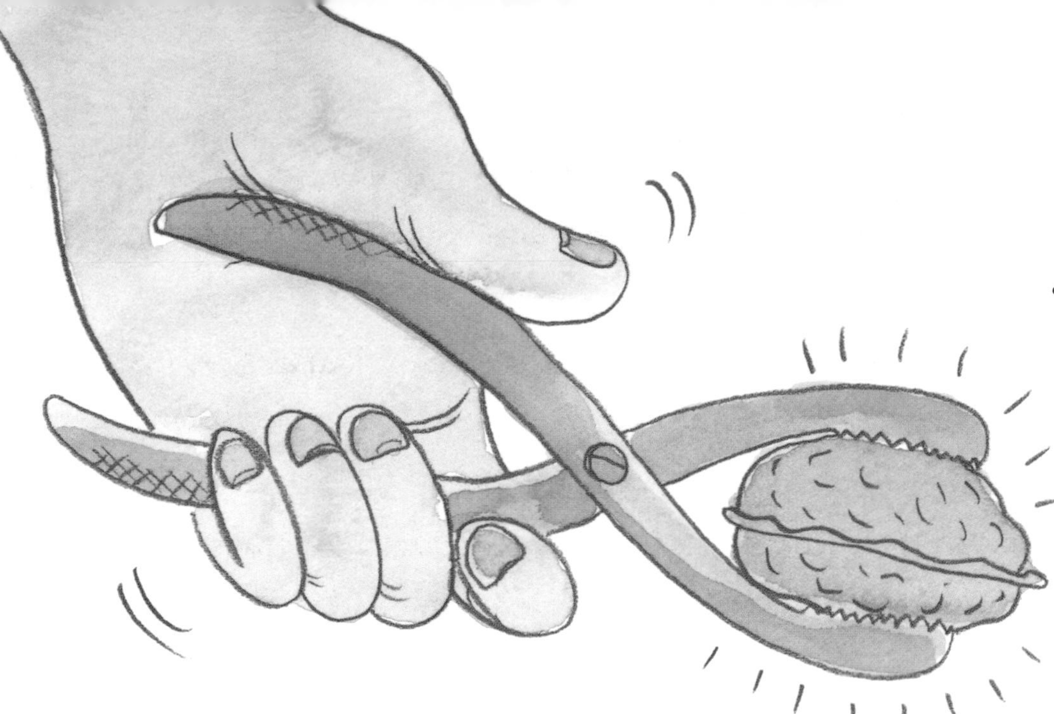

Abrir nueces

Coge una nuez y cierra el puño en torno a ella con toda tu fuerza para abrirla. ¿Qué pasa? Ahora intenta abrirla con un cascanueces. Es más fácil porque el cascanueces actúa como una **palanca** y amplia la fuerza que aplicas a los mangos.

Las palancas

EXPERIMENTO

Los **engranajes** son ruedas con dientes que encajan entre sí. Una bicicleta tiene un conjunto de engranajes para que pedalear sea más fácil. Coloca una bici boca abajo y haz una marca en la rueda trasera con cinta de color. Con la mano gira los pedales muy lentamente, y cuando hayan dado una vuelta completa frena para que la rueda se pare. ¿Cuánto ha girado la rueda? Cambia de marcha y repite el experimento. ¿Cuánto ha girado la rueda esta vez?

Fricción

La **fricción** es una fuerza que hace que las cosas se muevan más lentamente o se paren. Se produce cuando dos objetos se tocan el uno al otro. Cuando te frotas las manos, la fricción hace que se calienten. La fricción puede ser buena: sin ella nuestros pies siempre estarían resbalando. Pero en otras ocasiones la fricción es mala, por ejemplo cuando pedaleas contra el viento.

TRUCOS

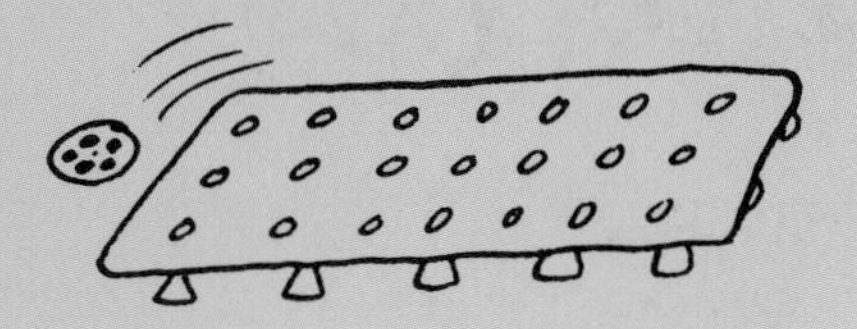

El fondo de la bañera puede ser muy resbaladizo, pero una alfombrilla de goma crea más fricción permitiendo un mayor agarre.

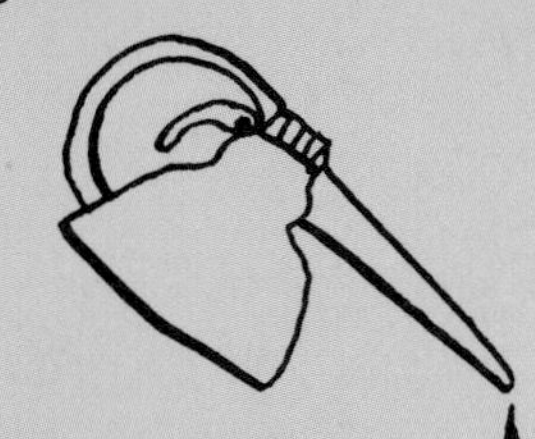

La gente engrasa las máquinas para reducir la fricción entre las piezas metálicas, haciendo que funcionen mejor.

Algunos zapatos tienen las suelas con trama para conseguir mayor agarre al suelo y no resbalar.

Un asunto escurridizo

Lávate las manos con agua jabonosa y no las aclares ni las seques. Intenta desenroscar la tapa de un tarro. ¿Puedes quitarla? Aclárate las manos y sécalas bien. ¿Qué pasa esta vez si intentas desenroscar la tapa?

El gran reto de la fricción

EXPERIMENTO

Coloca un trozo de madera, una piedra, un cubito de hielo, una goma de borrar y una llave en el extremo de una tabla de cortar. Levanta lentamente este extremo para hacer una rampa. ¿Tienes que levantarla mucho hasta que los objetos empiecen a moverse? ¿Cuál es el primero que se mueve? Cuanto mayor es la **fricción** que tiene que soportar un objeto, más tendrá que inclinarse la tabla. ¿Qué pasa si colocas los mismos objetos en una bandeja metálica? Anota los resultados del experimento en tu cuaderno.

Haz un aerodeslizador

Un aerodeslizador puede moverse en el mar más rápidamente que un barco porque flota sobre un colchón de aire. La **fricción** entre el aerodeslizador y el aire es menor que la fricción entre el barco y el agua. Haz tu propio aerodeslizador y observa con qué facilidad se mueve sobre un colchón de aire.

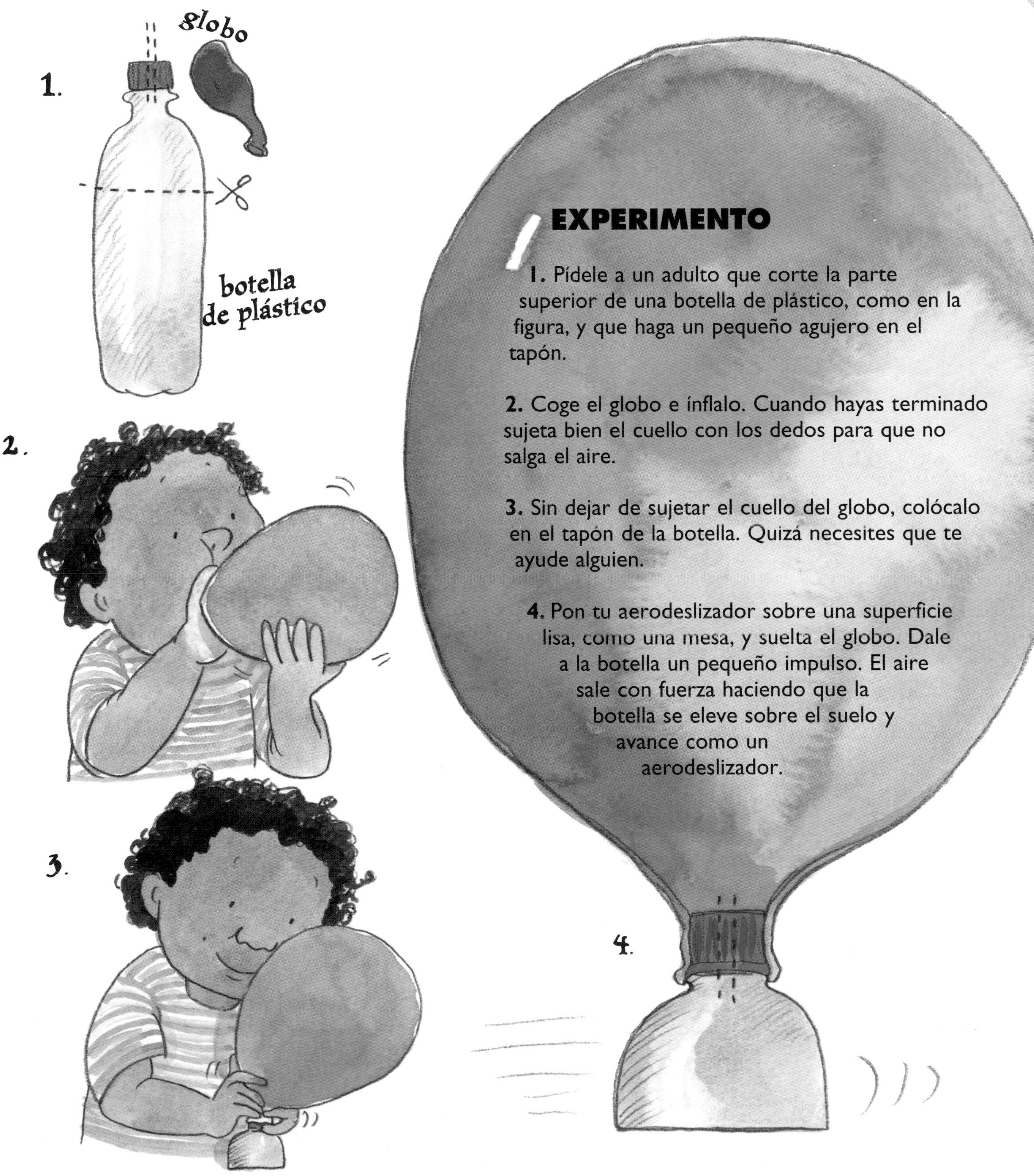

EXPERIMENTO

1. Pídele a un adulto que corte la parte superior de una botella de plástico, como en la figura, y que haga un pequeño agujero en el tapón.

2. Coge el globo e ínflalo. Cuando hayas terminado sujeta bien el cuello con los dedos para que no salga el aire.

3. Sin dejar de sujetar el cuello del globo, colócalo en el tapón de la botella. Quizá necesites que te ayude alguien.

4. Pon tu aerodeslizador sobre una superficie lisa, como una mesa, y suelta el globo. Dale a la botella un pequeño impulso. El aire sale con fuerza haciendo que la botella se eleve sobre el suelo y avance como un aerodeslizador.

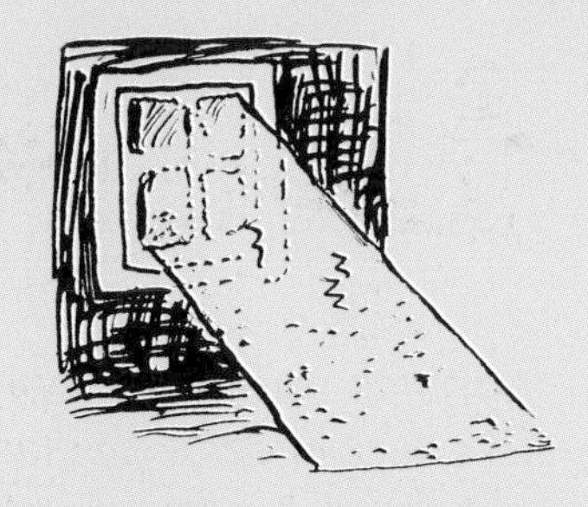

Puedes ver la luz del sol en un día soleado cuando entra por la ventana. El polvo dispersa parte de la luz hacia tus ojos haciendo visibles los rayos de sol, del mismo modo que se ven las luces de un coche en la niebla.

Luz

Sólo podemos ver un objeto si los rayos de luz chocan contra él y llegan a nuestros ojos. Por eso no podemos ver las cosas en la oscuridad. Los objetos siguen estando ahí, pero no hay luz que los muestre. La luz es un tipo de **energía** que viaja en forma de ondas. Puede atravesar los objetos **transparentes**, como el cristal, pero no puede atravesar los **opacos**, como la madera.

Sombras fantasmagóricas

Como la luz no puede atravesar un objeto **opaco**, detrás del objeto se forma una sombra. Por eso haces sombra en un día soleado, porque tu cuerpo bloquea la luz del sol. Descubre más cosas... ¡con este experimento siniestro!

Copia esta fantasmal forma en una cartulina blanca. Recorta la forma y pégala a una regla. Enciende una lámpara y apaga las otras luces, de modo que la mayor parte de la habitación quede a oscuras.

Sujeta la máscara entre la lámpara y la pared. ¡Verás una sombra fantasmagórica! ¿Qué le pasa a la sombra si acercas la máscara a la lámpara? ¿Qué pasa si la alejas?

Doblar la luz

EXPERIMENTO

La luz puede producir algunos efectos muy curiosos... y engaños a la vista. Llena un vaso con agua hasta la mitad. Mete en el agua un lápiz o una pajita y míralo desde arriba, desde abajo y desde los lados. ¿Qué pasa cuando lo miras por los lados del vaso? El lápiz parece doblado porque la luz viaja más lentamente en el agua que en el aire. Cuando la luz entra y sale del vaso de agua, cambia de velocidad y de dirección haciendo que el lápiz parezca doblado.

Haz un relój de sol

EXPERIMENTO

Durante el día, el sol cambia de posición en el cielo moviéndose de este a oeste. Esto hace que las sombras que proyecta también se muevan, y mirándolas en distintos momentos del día puedes saber qué hora es. En un día soleado coloca un trozo grande de papel o cartulina blanca en un lugar al aire libre donde no haya sombras. Pon un tiesto boca abajo en el centro de la cartulina. Coloca un lápiz o palito en el agujero de la base del tiesto. A cada hora marca con un rotulador la posición de la sombra que proyecta el palito en el papel. Escribe la hora según las líneas de la sombra. Ahora podrás saber la hora en un día soleado mirando la sombra que hay en el reloj de sol.

TRUCOS

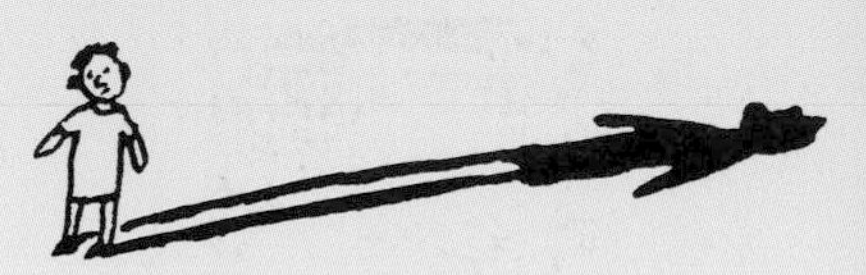

A lo largo del día las sombras varían de longitud. Al principio de la mañana y al final de la tarde el sol está bajo y las sombras son más largas.

A mediodía el sol está muy alto en el cielo y las sombras son más cortas.

Un eclipse se produce cuando el sol queda bloqueado por la luna o por la tierra. Cuando la luna se coloca entre la tierra y el sol, bloquea al sol y su sombra se proyecta sobre la tierra creando oscuridad durante el día; a esto se le llama eclipse de sol. Un eclipse de luna se produce cuando la tierra se sitúa entre el sol y la luna y su sombra se proyecta sobre la luna.

Los dentistas utilizan espejos cóncavos para que los dientes parezcan más grandes y puedan examinarlos más fácilmente. También se utilizan espejos cóncavos para el afeitado porque hacen que la cara parezca más grande.

Los reflejos

Cuando la luz choca contra una superficie, parte de ella rebota o **se refleja**. Los espejos son superficies muy brillantes diseñadas para reflejar casi toda la luz que choca contra ellos. Cuando te miras en un espejo plano, ves un reflejo de ti mismo del mismo tamaño pero del revés. Cuando te miras en un espejo curvo, tu reflejo suele ser de distinta forma y tamaño.

Cucharas brillantes

EXPERIMENTO

La superficie interior de una cuchara es **cóncava**: se curva hacia dentro como una cueva. La superficie exterior de una cuchara es **convexa**: se curva hacia fuera. Mira primero tu reflejo en el interior de una cuchara brillante y después mírate por el exterior. ¿Qué diferencias observas? Los espejos chiflados que hay en los parques de atracciones están curvados de mil formas, de modo que puedes verte grande, pequeño, gordo, delgado e incluso ondulado.

Al revés

EXPERIMENTO

A ver si eres capaz de escribir tu nombre al revés en un papel de modo que pueda leerse correctamente cuando lo pones delante de un espejo. Ahora sitúa el espejo delante de ti e intenta escribir tu nombre correctamente mientras miras lo que estás haciendo en el espejo.

Ver a la vuelta de la esquina

necesitas:

dos espejos pequeños

1.

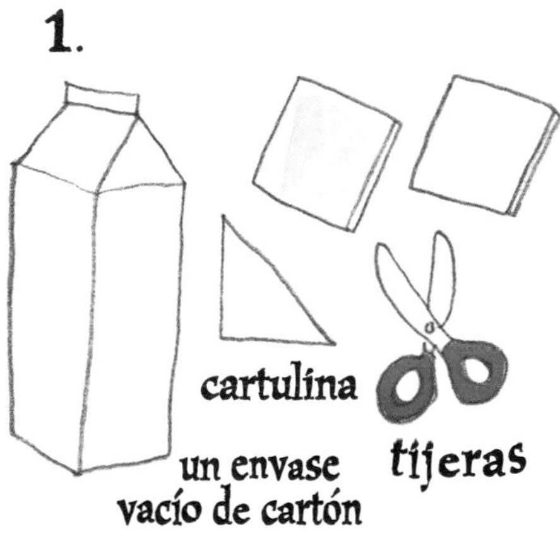

2.

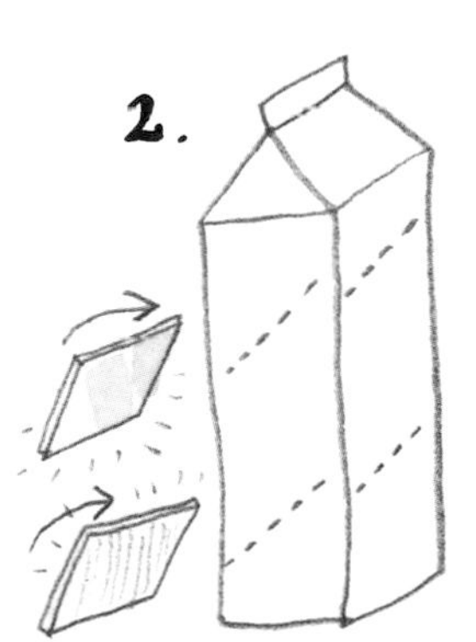

3.

4.

EXPERIMENTO

En un submarino hay un periscopio para que la tripulación pueda ver por encima del agua cuando el submarino está sumergido.

1. Dobla un trozo cuadrado de cartulina en diagonal para obtener un triángulo con ángulo recto. Asegúrate de que tenga dos lados de igual longitud.

2. Utiliza el triángulo para dibujar dos líneas diagonales en un lateral de un envase de cartón vacío. Haz lo mismo al otro lado del envase. Pídele a un adulto que corte por las líneas para formar ranuras. Coge un espejo y mételo en la ranura superior con el lado brillante hacia abajo, hasta que asome por el otro lado. Mete el segundo espejo por la ranura inferior mirando hacia arriba.

3. Haz un pequeño agujero en la parte trasera del envase y recorta un cuadrado grande en la parte delantera, como en la ilustración.

4. Coloca el periscopio delante de una pared o de un seto de modo que asome por la parte superior, y mira por el agujero. ¿Qué puedes ver?

Color

La luz del sol no parece tener ningún color, por eso se le llama luz blanca. Pero en realidad, la luz del sol se compone de muchos colores diferentes. Se pueden ver estos colores cuando hace sol y está lloviendo al mismo tiempo y se forma un arco iris. Las gotas de lluvia descomponen la luz en siete colores diferentes: rojo, naranja, amarillo, verde, azul, añil y violeta.

Gafas sorprendentes

necesitarás:

EXPERIMENTO

Copia la montura de estas gafas en una cartulina y dibuja dos agujeros por los que mirar. Recorta la forma y pídele a un adulto que te ayude a recortar los agujeros para los ojos. Pega un plástico de color verde en un agujero y un plástico rojo en el otro. Dobla las patillas de las gafas y póntelas. Mira a tu alrededor. ¿Parecen distintas todas las cosas? Esto se debe a que el plástico rojo y el verde hacen que algunos colores de la luz no se vean.

¡Oh!

Haz un arco iris

EXPERIMENTO

En un día soleado puedes crear tu propio arco iris. Llena de agua un plato y mete un espejo pequeño en el agua formando un ángulo. Coloca el plato cerca de una ventana y sitúa el espejo de modo que la luz del sol llegue a él. La luz atraviesa el agua y rebota en el espejo haciendo que un tenue arco iris aparezca en la pared. Si no tienes paredes blancas, coge una cartulina grande y ponla delante de la pared de modo que pueda verse el arco iris.

En movimiento

EXPERIMENTO

Pon un vaso sobre una cartulina blanca y dibuja la base redonda. Recorta el círculo con cuidado. Divide el círculo en tres secciones del mismo tamaño y colorea una de azul, otra de rojo y otra de verde. Pídele a un adulto que haga un agujero en el centro de la cartulina con un punzón, y mete en él un lápiz. Cuando se gira la cartulina sobre la punta del lápiz, ¿qué color puedes ver? Haz muchos discos giratorios utilizando distintas combinaciones de colores. ¿Qué colores puedes ver cuando giran?

TRUCOS

A menudo en las tarjetas de crédito se imprimen unas imágenes especiales llamadas hologramas. Si los miras desde distintos ángulos, los colores varían porque cambia el ángulo de la luz que choca contra los hologramas y llega a tus ojos.

El cristal no es completamente transparente. Cuando la luz choca con el cristal en determinados ángulos se refleja, por eso puedes verte en la ventanilla de un tren.

Sonido

Cuando algo **vibra**, o se agita muy rápidamente, hace que el aire que lo rodea también vibre. Cuando estas vibraciones llegan a nuestros oídos, oímos un sonido. Al igual que la luz, las vibraciones pueden **reflejarse**, o rebotar. En un valle de montaña, a menudo puedes oír un eco, que se produce por un sonido reflejado sobre una superficie lejana.

¡Qué divertido!

Sonidos reflejados

EXPERIMENTO

Abre dos paraguas y colócalos sobre el suelo, uno frente al otro, con los mangos juntos. Apoya los mangos sobre unos libros. Coloca un reloj que haga tictac en la caña de uno de los paraguas. Mete la cabeza dentro del otro paraguas y apoya la oreja en la caña. Oirás el tictac, como si el reloj estuviese justo al lado de tu oreja. Esto se debe a que el tictac rebota en el interior de un paraguas y va al otro.

Observa las vibraciones

EXPERIMENTO

El sonido es invisible pero puedes verlo y sentirlo cuando hace que el aire **vibre**. Coloca un plástico para envolver sobre un recipiente de forma que quede tirante y esparce un poco de azúcar por encima. Coge una bandeja de horno y golpéala fuerte por encima del recipiente con una cuchara de madera. Las vibraciones creadas por el golpe de la bandeja hacen que el aire vibre, y el sonido llega hasta el recipiente haciendo que el plástico **vibre** y el azúcar salte.

TRUCOS

El sonido de los músicos cuando tocan en una sala de conciertos es reflejado por superficies especialmente diseñadas que controlan el sonido para hacerlo lo mejor posible.

Los murciélagos utilizan ecos para "ver" en la noche. Cuando emiten un sonido rebota en un objeto, por ejemplo una polilla, y vuelve hasta ellos de modo que pueden saber dónde está la polilla.

Llamada a larga distancia

EXPERIMENTO

Pídele a un adulto que haga un agujero en la base de dos vasos de plástico o botes de yogur. Pasa el extremo de una cuerda (de unos 15 metros de longitud) por el agujero y haz un nudo en el interior del vaso. Mete el otro extremo de la cuerda en el segundo vaso y haz otro nudo. Coge los vasos de modo que la cuerda quede tirante y dile a un amigo que susurre algo en uno de los vasos mientras tú escuchas por el otro. El sonido de su voz hace que la cuerda vibre, llevando el sonido hasta tu oído.

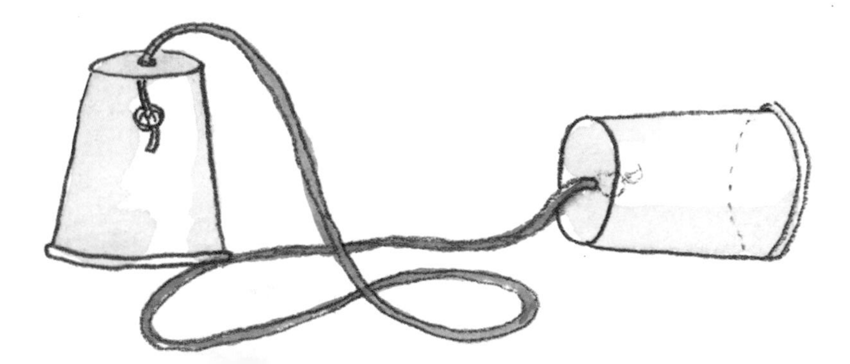

Los instrumentos musicales pueden producir muchos sonidos diferentes. Cada tipo de instrumento produce sonido a partir de las **vibraciones**. El sonido puede proceder de una cuerda tensada (en los instrumentos de cuerda), del soplido en un tubo (en los instrumentos de metal y de viento), o del golpe fuerte sobre unas superficies (en los instrumentos de percusión).

Toca la guitarra

EXPERIMENTO

La guitarra, como el violín y el contrabajo, es un instrumento de cuerda. Los guitarristas producen sonidos tirando de las cuerdas. ¿Por qué no lo compruebas tú mismo? Coloca unas gomas de diferente grosor en una caja rectangular de plástico (por ejemplo, una tarrina vacía de margarina). Escucha el sonido que se produce cuando tiras de cada una de las gomas. Cuando las gomas **vibran** hacen que el aire de la caja vibre, y la caja hace los sonidos más fuertes. Las gomas más finas producen un sonido distinto al de las gruesas. ¿Cuáles producen sonidos más fuertes?

TRUCOS

La nota producida por un instrumento de metal depende de la longitud del tubo. Cuanto más largo es el tubo, más baja es la nota.

En un instrumento de cuerda, la nota depende del tamaño, longitud y tensión de la cuerda.

Cuando se pulsa la tecla de un piano, un martillo golpea una cuerda dentro del piano. La cuerda vibra y produce un sonido.

Una orquesta de botellas

EXPERIMENTO

Pon varias botellas de plástico en fila. Echa un poco de agua en la primera botella y vete aumentando la cantidad de agua en las otras botellas hasta que la última esté casi llena. Sopla en cada botella para obtener un sonido. Compara los sonidos producidos por las distintas botellas. Cuanta más agua hay en la botella, más alta será la nota.

Haz un silbato

1.

2.

3.

4.

1. Coge una pajita de papel y aprieta un extremo hasta que quede plano.
2. Corta con cuidado el extremo de forma triangular.
3. Corta el pico del triángulo.
4. Pídele a un adulto que te ayude a hacer tres o cuatro agujeros en la pajita como si fuera una flauta.
5. Mete el extremo de la pajita terminado en punta en la boca y sopla. Oirás un sonido. Vete tapando cada uno de los agujeros con los dedos. ¿Cuántos sonidos diferentes puedes crear?

5.

El efecto Doppler

EXPERIMENTO

Pídele a un amigo que pase a tu lado en bicicleta haciendo sonar la bocina o cantando una nota constante. Escucha atentamente el sonido y cómo va cambiando. Cuando tu amigo se acerca a ti, la nota se hace un poco más alta. Cuando se aleja de ti, la nota se hace más baja. Lo mismo sucede cuando oyes las sirenas de la policía. A esto se le llama efecto Doppler.

Electricidad

Las prendas hechas de fibras artificiales como el nailon a menudo acumulan electricidad estática durante el día. Cuando te las quitas por la noche puedes sentir y oír el chasquido de la electricidad estática. Si apagas la luz y te sitúas delante de un espejo, incluso puedes ver chispas.

Muchos de los objetos que utilizamos todos los días funcionan con electricidad: desde los ordenadores y secadores hasta las lámparas y las lavadoras. Hay dos tipos de electricidad. La **electricidad estática** permanece en un lugar, y la **electricidad corriente** se mueve por los cables. La electricidad estática se produce cuando se frotan algunos materiales. Produce chasquidos cuando te peinas y hace que el polvo se pegue a la pantalla del televisor.

Ranas saltarinas

EXPERIMENTO

Coge una hoja de papel de color verde y córtala en trocitos. Con un bolígrafo pinta dos puntos negros en cada trozo de papel como si fueran los ojos de las ranas. Coloca las ranas en una pila encima de una mesa. Ahora péinate varias veces con un peine de plástico. Coloca el peine por encima de las ranas y... ¡están vivas! Las ranas saltan porque el peine tiene **electricidad estática**.

Globos adhesivos

Coge un globo hinchado y frótalo sobre un jersey de nailon. Ahora intenta pegar el globo a la pared. No se cae porque está cargado con **electricidad estática** y es atraído hacia la pared.

TRUCOS

El relámpago se produce por una acumulación natural de electricidad estática en las nubes. El estallido no es más que una chispa gigante de electricidad.

Algunos coches tienen una lámina fina de goma en la parte trasera que cuelga hasta la superficie de la carretera. Esto evita que se acumule electricidad estática mientras el coche circula por la carretera.

Atracción y repulsión

EXPERIMENTO

Coge dos láminas de plástico de envolver y pásatelas entre los dedos. La electricidad estática del plástico hará que las láminas se peguen a tus dedos. Sujeta las láminas e intenta acercarlas una a la otra. ¿Qué sucede? Los objetos que tienen **electricidad estática** no siempre se pegan a las cosas, algunas veces son rechazados o repelidos. Las láminas de plástico de envolver se repelen la una a la otra.

Doblar el agua

EXPERIMENTO

Coge un peine de plástico y frótalo sobre un jersey o una bufanda de lana. Abre un grifo para que salga un chorro de agua fría. Coloca el peine cerca del agua. ¿Qué sucede? ¿El agua es atraída hacia el peine o es repelida?

Electricidad móvil

Los objetos que necesitan **electricidad corriente** (electricidad móvil) funcionan con **baterías** o con la electricidad que viaja por los cables desde una central eléctrica. La electricidad sólo fluirá si con los cables se puede hacer un **circuito** completo, o camino circular. En el circuito hay un interruptor, que activa el aparato. Cuando se desconecta el interruptor, el circuito queda abierto y el aparato queda desactivado.

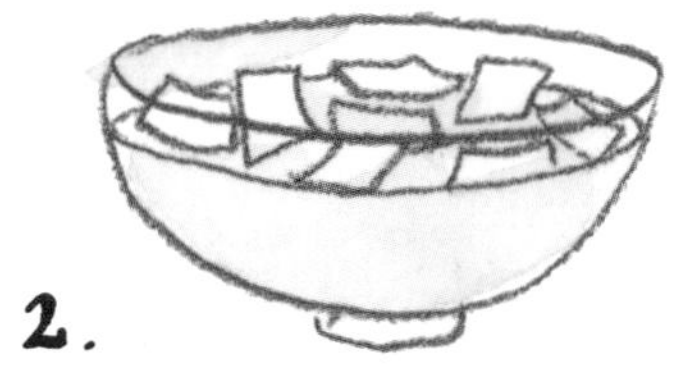

¡Qué calambre!

Necesitarás: • una toalla de papel • un limón • 5 monedas de cobre • 5 monedas de plata • un recipiente pequeño • tijeras

4.

1. Corta la toalla de papel en nueve cuadrados de unos 2 cm de lado.
2. Exprime un poco de zumo de limón en el recipiente y mete los trozos de papel en el zumo.
3. Haz una torre con las monedas alternando una de cobre con una de plata. Pon un trozo de papel entre cada moneda, terminando con una moneda en cada extremo de la torre. Coloca con cuidado la torre sobre un lado.
4. Mójate un dedo de cada mano y con cuidado levanta la pila. ¿Qué sucede? El metal de las monedas y el ácido del limón actúan como batería. Cuando tocas cada extremo de la pila estás cerrando un circuito y notarás una pequeña descarga eléctrica.

Haz un faro

Una **batería** tiene productos químicos dentro. Ellos hacen que la electricidad fluya cuando los dos extremos de una batería se conectan con un cable. El zumo de limón es un ácido que puede utilizarse para hacer una batería. Antes de hacer este experimento aprieta el limón para liberar el zumo. Si el experimento no funciona, repítelo con una pila de 4,5V en lugar del limón.

EXPERIMENTO

Necesitarás: • un envase vacío de leche • varias hojas de papel • pintura • dos cables de cobre • una bombilla de linterna de 1,5V • un casquillo para la bombilla • un limón • un clip • una chincheta de latón • arcilla • tijeras

1. Coge el envase de cartón de leche y pídele a un adulto que corte la parte superior.

2. Para hacer el edificio del faro, coloca el envase de cartón boca abajo y píntalo con franjas rojas y blancas. Utiliza la arcilla para hacer rocas en torno a la base. Pinta las hojas de papel de color azul y dóblalas en forma de abanico para que imiten las olas.

3. Conecta los extremos de los dos cables de cobre a la bombilla y coloca la bombilla en un casquillo en la parte superior del faro. Corta el limón por la mitad y haz dos hendiduras en la piel. Mete el clip en una y la chincheta en otra. Deben estar muy cerca, pero sin tocarse. Enrolla el extremo de uno de los cables de cobre en el clip y el otro en la chincheta.

4. El limón actúa como batería y produce electricidad encendiendo la luz. De este modo, los barcos que están en el mar no chocarán contra las rocas.

TRUCOS

Las presas hidroeléctricas convierten la energía del agua que cae en electricidad. La electricidad se envía por cables hasta nuestras casas y fábricas.

TRUCOS

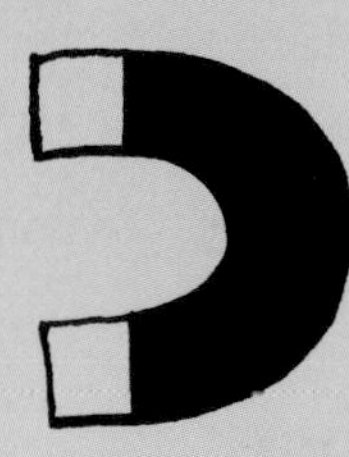

Algunos imanes tienen forma de herradura y otros son como barras, mientras que los imanes para las neveras tienen todo tipo de formas. Utiliza un imán para encontrar cosas magnéticas en tu casa.

Muchos aparatos de uso diario utilizan el magnetismo, incluidos los teléfonos, los televisores y los ordenadores. Nunca pongas un imán cerca de estos aparatos porque pueden dejar de funcionar.

Imanes

Los imanes tienen un poder especial que les permite atraer cosas hechas de hierro o de acero. Un extremo del imán se llama polo norte y el otro polo sur. Si juntas dos polos norte se repelen el uno al otro. Pero si pones un polo sur cerca de un polo norte, se juntan porque los polos opuestos se atraen.

Haz una brújula

Lo creas o no, la Tierra es un gigantesco imán con un polo sur y un polo norte. Por eso la aguja de una brújula siempre apunta al norte. Haz un imán temporal pasando el polo de un imán por una aguja de coser de arriba abajo al menos 20 veces. Pon la aguja sobre una lámina de corcho y ponlo a flotar en agua dentro de un recipiente o un plato. La aguja se mueve hasta que un extremo señala al norte y el otro al sur.

El juego del imán

Dibuja un laberinto en la parte superior de un plato de papel. Pon un clip en el punto de salida del laberinto. Sujeta el plato con una mano, y con la otra sujeta un imán bajo el clip. El objetivo del juego es llevar el clip por el laberinto con el imán. Pídele a un amigo que te cronometre y después comprueba cuánto tarda él.

Pescar un tesoro

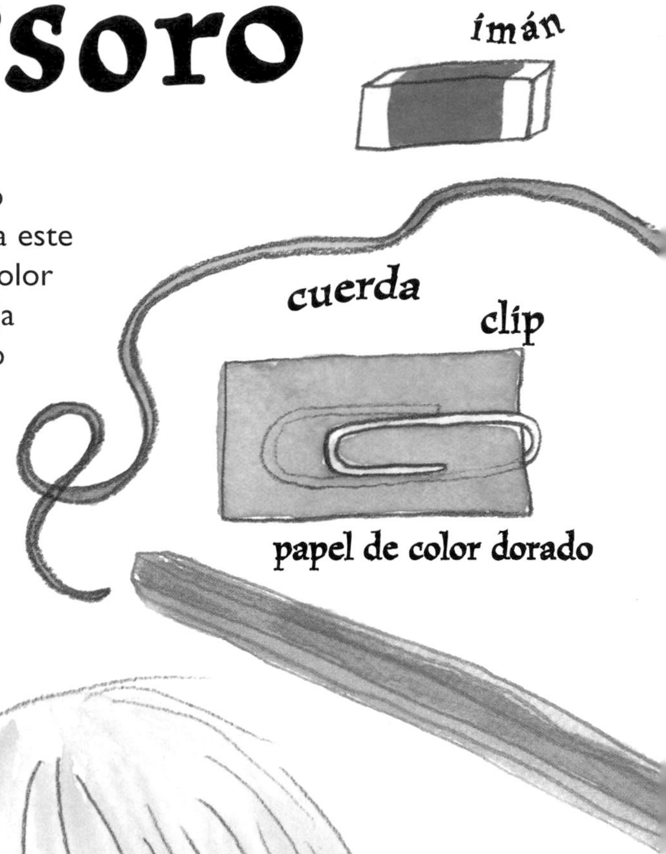

EXPERIMENTO

En el fondo de un desfiladero hay un montón de lingotes de oro abandonados por los ladrones. ¿Cuántos puedes recuperar? Para este juego necesitas recortar 12 rectángulos pequeños de papel de color dorado. Pon un clip en cada lingote de oro y mételos en una caja vacía de pañuelos o de zapatos. Cada jugador necesita un lápiz o un palo. Ata una cuerda alrededor del lápiz y pégalo con cinta adhesiva. Ata el otro extremo de la cuerda a un imán y asegúralo también con cinta adhesiva. Ahora cada jugador está preparado para empezar a pescar el oro. El que consiga más lingotes de oro con su imán pescador, será el ganador.

imán

cuerda

clip

papel de color dorado

Una fiesta científica

Ahora que ya dominas los experimentos de Mi Primer Libro de Ciencias, ¿por qué no haces una fiesta para tus amigos? Haz una visita a la biblioteca o busca en Internet información sobre los mayores científicos del mundo y disfrazaos todos. Tú puedes ser Louis Pasteur, Arquímedes, Marie Curie e incluso Albert Einstein.

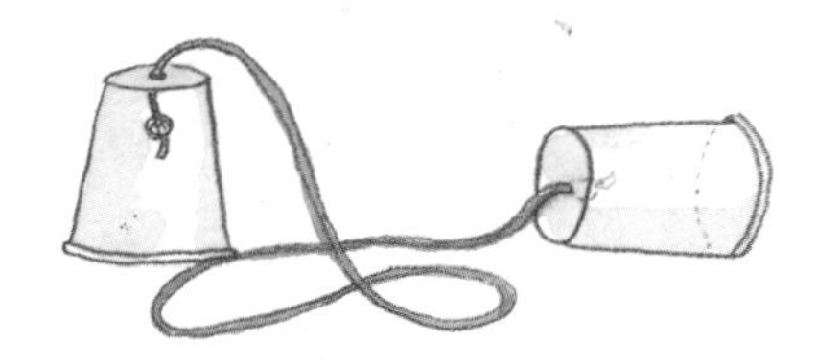

Glosario

Ácido
Tipo de sustancia con sabor agrio, por ejemplo el vinagre. Los ácidos fuertes pueden ser muy peligrosos.

Aislamiento (aislar)
Materiales que mantienen las cosas calientes o frías.

Base
Tipo de sustancia que parece jabonosa, por ejemplo la tiza.

Batería
Una batería contiene productos químicos que producen electricidad cuando reaccionan juntos.

Circuito
Camino completo por el que puede fluir la electricidad.

Cóncavo
Curvado hacia dentro, como una cueva.

Conducción (conducir)
Forma en que fluye el calor. Cuando coges una taza de té, el calor es conducido a tu mano.

Contracción (contraer)
Cuando algo se hace más pequeño.

Convección
Forma en que fluye el calor en los líquidos y gases. Un radiador calienta una habitación por convección.

Convexo
Curvado hacia fuera.

Electricidad corriente
Electricidad que se mueve o fluye.

Electricidad estática
Electricidad que no se mueve.

Energía
Algo que hace que las cosas funcionen. El calor, la luz y el sonido son tipos de energía.

Engranajes
Máquina simple con ruedas dentadas que encajan entre sí.

Expansión (expandir)
Cuando algo se hace más grande.

Fricción
Fuerza que se crea cuando dos cosas se frotan. Hace que las cosas se muevan más lentamente o se paren.

Fuerza
Un empujón o tirón, por ejemplo cuando das una patada a un balón.

Gravedad
Fuerza que atrae los objetos hacia la tierra.

Materia
Todo lo que existe en el universo. Los tres tipos de materia son los líquidos, los sólidos y los gases.

Mezcla
Algo hecho de varias sustancias puras diferentes.

Opaco
Algo que la luz no puede atravesar.

Óxido
Combinación de oxígeno y otra sustancia como el hierro.

Palanca
Máquina simple que hace más fáciles las cosas. Por ejemplo un cascanueces.

Péndulo
Peso en el extremo de una cuerda, que se balancea regularmente atrás y adelante.

Polea
Máquina que hace más fácil elevar cosas pesadas.

Presión
Fuerza aplicada a una superficie. Una fuerza sobre una superficie grande produce menos presión que sobre una pequeña.

Radiación (radiar)
Una de las tres formas en las que fluye el calor. El sol suministra calor (y luz) por radiación.

Reflexión (reflejar)
Algo que rebota sobre una superficie. Tanto el sonido como la luz pueden reflejarse.

Transparente
Objeto a través del cual se puede ver, por ejemplo el cristal.

Vapor
Otra palabra para gas.

Vibración (vibrar)
Algo que se agita o se mueve de adelante atrás.

Volumen
Tamaño de algo, o cantidad de espacio que ocupa.

Certificado

Nombre ______________________________

ha completado *Mi Primer libro de Ciencias Everest* con honores

Fecha ________________ Edad __________

La autora

Brita Granström

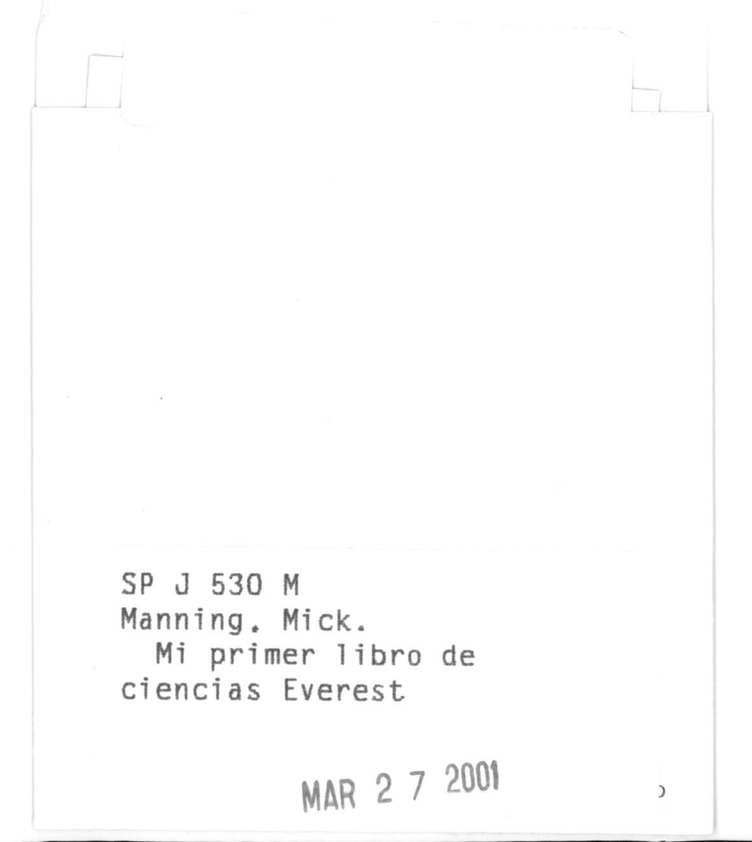